BEI GRIN MACHT SICH IHR
WISSEN BEZAHLT

- Wir veröffentlichen Ihre Hausarbeit,
  Bachelor- und Masterarbeit

- Ihr eigenes eBook und Buch -
  weltweit in allen wichtigen Shops

- Verdienen Sie an jedem Verkauf

Jetzt bei www.GRIN.com hochladen
und kostenlos publizieren

GRIN ☺

Gerrit Altmeppen

Rechts-Links-Phänomene des Menschen am Beispiel des Händefaltens

GRIN Verlag

Bibliografische Information der Deutschen Nationalbibliothek:

Die Deutsche Bibliothek verzeichnet diese Publikation in der Deutschen National-
bibliografie; detaillierte bibliografische Daten sind im Internet über http://dnb.d-
nb.de/ abrufbar.

Dieses Werk sowie alle darin enthaltenen einzelnen Beiträge und Abbildungen
sind urheberrechtlich geschützt. Jede Verwertung, die nicht ausdrücklich vom
Urheberrechtsschutz zugelassen ist, bedarf der vorherigen Zustimmung des Verla-
ges. Das gilt insbesondere für Vervielfältigungen, Bearbeitungen, Übersetzungen,
Mikroverfilmungen, Auswertungen durch Datenbanken und für die Einspeicherung
und Verarbeitung in elektronische Systeme. Alle Rechte, auch die des auszugsweisen
Nachdrucks, der fotomechanischen Wiedergabe (einschließlich Mikrokopie) sowie
der Auswertung durch Datenbanken oder ähnliche Einrichtungen, vorbehalten.

Impressum:

Copyright © 2013 GRIN Verlag GmbH
Druck und Bindung: Books on Demand GmbH, Norderstedt Germany
ISBN: 978-3-656-49568-0

Dieses Buch bei GRIN:

http://www.grin.com/de/e-book/232718/rechts-links-phaenomene-des-menschen-
am-beispiel-des-haendefaltens

GRIN - Your knowledge has value

Der GRIN Verlag publiziert seit 1998 wissenschaftliche Arbeiten von Studenten, Hochschullehrern und anderen Akademikern als eBook und gedrucktes Buch. Die Verlagswebsite www.grin.com ist die ideale Plattform zur Veröffentlichung von Hausarbeiten, Abschlussarbeiten, wissenschaftlichen Aufsätzen, Dissertationen und Fachbüchern.

Besuchen Sie uns im Internet:

http://www.grin.com/

http://www.facebook.com/grincom

http://www.twitter.com/grin_com

Jugend forscht

Schriftliche Arbeit

Fachgebiet Biologie

Bereich Lingen

Rechts-Links-Phänomene des Menschen am Beispiel des Händefaltens

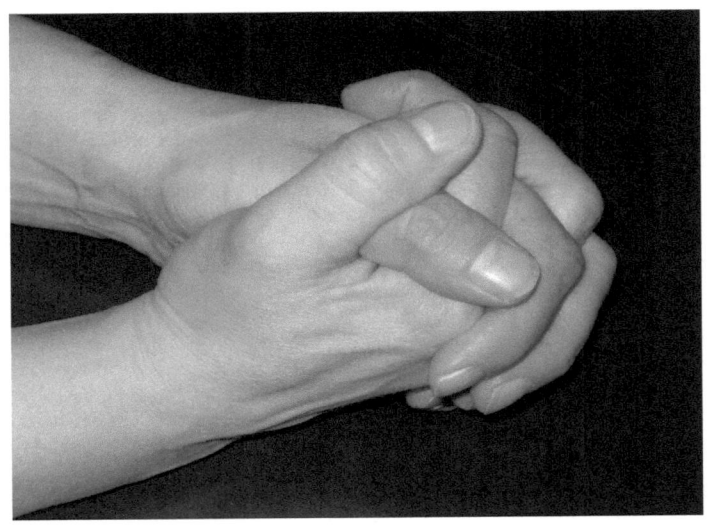

von Gerrit Altmeppen
Projekt-Nr.: 115623

Jugend forscht
Rechts-Links-Phänomene des Menschen am Beispiel des Händefaltens
von Gerrit Altmeppen

Kurzfassung

Diese Arbeit basiert auf der Frage warum die Menschen ihre Hände so unterschiedlich falten: Die einen legen den rechten Daumen nach oben, die anderen den linken. Also habe ich untersucht, ob dieses Merkmal vielleicht genetisch bedingt ist oder doch über die Erziehung beigebracht wird. Andererseits kann auch die Händigkeit Einfluss darauf haben. Um diese Fragen zu klären habe ich eine Umfrage an meiner Schule durchgeführt und zusätzlich Gespräche in Kindergärten, mit Ergotherapeuten und in Bestattungsinstituten geführt. Über die Umfrage wollte ich herausfinden, ob man mit Stammbäumen eine bestimmte Vererbung beweisen kann, außerdem soll der Einfluss der Händigkeit untersucht werden und die Frage, ob die Konfession vielleicht auch eine Rolle spielt. Auch soll untersucht werden, ob Frauen bzw. Männer vielleicht eine Vorliebe für einen bestimmten Daumen haben. Die Erzieher im Kindergarten konnten mir erzählen, inwiefern Erziehung das Verhalten eines Menschen beeinflusst.

Für die Genetik wurden über die Umfrage Daten für verschiedene Stammbäume gesammelt und versucht herauszufinden, ob das Merkmal „rechter Daumen oben" bzw. „linker Daumen oben" gonosomal oder autosomal vererbt wird und ob es eine rezessive oder dominante Vererbung ist. Dafür habe ich hypothetische Stammbäume aufgestellt und in der Umfrage nach Stammbäumen gesucht, die nicht zu dem Schema für eine typische Vererbung passen. So muss das Merkmal bei der gonosomal-dominanten Vererbung sowohl beim Vater als auch bei den Töchtern das gleiche sein. Für gonosomal-rezessiv würde ein erhöhter männlicher Anteil sprechen, bei dem ein bestimmter Daumen oben liegt. Bei der autosomal-rezessiven Vererbung müsste ein Elternpaar mit dem gleichen Merkmal Kinder bekommen die auch alle das gleiche Merkmal haben, entweder trifft dies für den linken oder für den rechten Daumen zu. Jedoch haben die Stammbäume, die ich gefunden habe all diese Thesen widerlegt. Lediglich die Möglichkeit einer autosomal-dominanten Vererbung bliebe übrig, doch angesichts der Tatsache, dass keines der beiden Merkmale rezessiv vererbt wird, ist auch dieses auszuschließen.

Ich habe ebenso untersucht, ob die Händigkeit Einfluss auf das Merkmal „Daumen oben" nimmt, jedoch ist das Verhältnis sowohl gesamt als auch unter Links- und Rechtshändern fast immer das selbe: ca. 45:55 für „rechter Daumen oben" zu „linker Daumen oben". Lediglich bei den Linkshändern tendiert die Mehrheit noch etwas stärker dazu, den linken Daumen nach oben zu legen. Man kann also annehmen, dass die Dominanz einer bestimmten Hirnhälfte (der Grund der Händigkeit) keine Einwirkung darauf hat, welcher Daumen oben liegt.

Statistisch gesehen ist das Verhältnis bei Frauen und Männern gleich, jedoch nicht so bei den Konfessionen: Da vielen Personen damals in der katholischen Kirche gelehrt wurde, den rechten Daumen nach oben zu legen, stimmt das Verhältnis bei älteren katholischen Personen nicht mit dem Gesamtverhältnis überein: 51:49. Die Konfession scheint also einen Einfluss darauf zu haben, wie Menschen ihre Hände falten, es ist somit ein Beispiel für die individuelle Prägung eines jeden Menschen.

Wenn man Leute fragt, wie es sich anfühlt, den anderen Daumen nach oben zu legen, dann sagen sie meist „ungewohnt", das lässt den Schluss zu, dass geübte motorische Abläufe sich im menschlichen Gehirn als „richtig", andere als „falsch" einbrennen.

Meine Umfrage ist natürlich noch ziemlich fehlerbehaftet, dies könnte man zum Beispiel noch verbessern. Auch müsste man bestimmte Einflüsse, wie zum Beispiel die Konfessionen genauer untersuchen, um sie gezielter mit berücksichtigen zu können. Mit diesen Ergebnissen kann man zwar noch nicht ganz genau begründen, warum Menschen die Daumen so unterschiedlich übereinanderlegen, aber der Weg ist vorbereitet in dem Sinne, dass einige Möglichkeiten schon einmal ausgeschlossen werden konnten.

Inhaltsverzeichnis

Jugend forscht
Rechts-Links-Phänomene des Menschen
am Beispiel des Händefalten
von Gerrit Altmeppen

1. Einleitung

Jeder kennt das: Ob zum Gebet, weil einem langweilig ist, um sich zurückzulehnen: Man faltet seine Hände, manchmal bewusst, oft aber auch unbewusst. Wer genau hinsieht, dem fällt auf: Man faltet seine Hände eigentlich immer gleich, bei dem einen liegt der rechte Daumen oben, bei dem anderen der linke.

Daher sucht man nach dem Grund für dieses Phänomen. Der erste Gedanke kommt einem natürlich sofort: Rechtshänder legen den rechten Daumen nach oben, Linkshänder den linken. Man kann aber noch weiter gehen, denn so einfach ist das Phänomen noch nicht geklärt. Dann argumentiert man vielleicht: Okay, einige wurden aber auch zu Rechtshändern umgezogen. Doch selbst mit dieser Aussage lassen sich nicht alle Ergebnisse erklären. Natürlich kann das Merkmal auch über die Gene vererbt werden, genauer untersuchen müsste man, ob nun über die Autosomen oder Gonosomen und ob rezessive oder dominante Vererbung vorliegt. Und wenn es doch nicht über Gene geregelt wird, dann kann es immer noch über die Erziehung bestimmt werden.

Vielleicht legen Frauen auch öfter den linken Daumen nach oben als Männer, vielleicht legen Katholiken den rechten Daumen nach oben, weil es ihnen so „antrainiert" wurde.

Man begegnet in der Öffentlichkeit Menschen von unterschiedlichster Herkunft, von verschiedensten Eltern und Kulturen, man kann zehn, zwanzig, vielleicht sogar dreißig Menschen beobachten, wie sie ihre Hände falten, so einfach wird man keine Gemeinsamkeiten oder Regeln finden, es sieht alles ziemlich zufällig aus. Dabei muss man aber wieder bedenken, dass bei dem Einzelnen immer der gleiche Daumen oben liegt: Man könnte also auch annehmen, dass das Vorgehen beim Händefalten bei jedem Menschen zufällig bestimmt wird.

Außerdem kann man Leute untersuchen, die noch nie ihre Hände gefaltet haben. Kinder bzw. Kleinkinder lernen erst mit der Zeit, wie man seine Hände faltet, meistens bekommen sie es von den Eltern oder Erziehern im Kindergarten beigebracht, doch selbst die ersten Versuche zeigen, vielleicht sogar noch viel deutlicher als bei Erwachsenen, wie man veranlagt ist. Dabei müssen die Finger noch nicht einmal verschränkt sein: Ein einfaches Über- bzw. Aufeinanderlegen der Hände zeigt schon deutlich, in welche Richtung das jeweilige Kind tendiert. Dabei muss man dann herausfinden, ob sie sich das Verhalten von den Erziehern abschauen oder selbst einen Weg finden.

Angelehnt an die mögliche Tatsache, dass das Händefalten durch Anlernen spezifiziert wird, kann man weiterhin untersuchen, wie Bestattungsinstitute ihre Verstorbenen herrichten, also untersuchen, wie die Bestatter mit den Händen der Verstorbenen umgehen und ob es einen Bezug nimmt zu den Bestattern selbst. Damit kann man schon einmal die Richtung Erwachsener-Heranwachsener beobachten. Eine weitere Möglichkeit ist es, Ergotherapeuten zu befragen, ob und wie sie mit ihren Händen umgehen, da diese meist eine besondere Feinfühligkeit entwickelt haben.

Irgendwo wird es im menschlichen Körper festgelegt, welcher Daumen oben liegt. Mit meiner Arbeit will ich herauszufinden, wo und wie diese Information festgehalten wird, wie sie erstellt und möglicherweise weitergegeben wird.

In einigen Foren [1] geht man davon aus, dass die Händigkeit nicht durch „Indikatoren" wie dem oberen Daumen beim Händefalten dargestellt wird, diese seien unabhängig voneinander, der Körper entscheidet selbst, was angenehmer für ihn sei. Jedoch zeigen die meisten Beiträge, dass bei Linkshändern der rechte Daumen oben liegt, jedoch entgegengesetzt der angefügten Umfrage, bei der die meisten Linkshänder den linken Daumen oben haben. Das Verhältnis scheint 50:50 aufgeteilt zu sein. Weitere Anmerkungen in diesem Forum berichten von der Tatsache, dass ein anderes Händefalten unangenehm für die jeweilige Person sei und die meisten ihr Leben lang den gleichen Daumen nach oben legen. Es scheint also festgelegt zu sein, welcher Daumen für den Körper angenehmer ist, jedoch kann die Ursache nicht oder zumindest nicht allein bei der Händigkeit liegen.

Auf dem gleichen Stand befinden sich die Teilnehmer in einem anderen Frageforum [2], die meisten behaupten, dies hänge mit der Händigkeit zusammen, jedoch werden keinerlei Beweise oder plausible Hypothesen genannt. Einige Ideen gehen von einer alten Angewöhnung aus, die sich im Laufe der Zeit eingewöhnt habe, jedoch fehlen auch hier die notwendigen Begründungen und Belege.

Eine bereits vorhandene Statistik wird von einem weiteren Thread [3] angesprochen, diese habe jedoch zu keinen nennenswerten Ergebnissen geführt, außer, dass die Erziehung eine wichtige Rolle spiele und viele Kinder, die Hände so falten, wie es ihre Eltern ihnen beigebracht haben, sofern das der Fall war.

Auf einer weiteren Homepage [4] wird behauptet, dass das Händefalten eine Gewohnheitssache sei, was sich auch mit meinen Überlegungen deckt; es wird ebenfalls der Gegentest angeboten, in dem man beschreiben soll, wie es sich anfühlt, wenn man den anderen Daumen nach oben legt. Dasselbe lässt sich auf einer Ärzte-Seite nachlesen [5]. Des weiteren berichtet auch Focus-Online darüber, dass das Händefalten eine Gewohnheitssache ist [6].

Es könnten noch zahlreiche weitere Literaturhinweise vorgebracht werden, jedoch lässt sich zusammenfassend immer sagen: Das Händefalten und vor allem die Vorgehensweise beim Händefalten sind für jeden Menschen festgelegt und zur Gewohnheit geworden, sie lässt sich zwar umtrainieren, jedoch nur mit großem Arbeitsaufwand. Letztendlich scheiden sich die Geister vor allem bei der Begründung dieser Tatsache. Anders als bei der Händigkeit, scheint Vererbung nicht der Grund für die Ausprägung dieses Merkmals zu sein, die Konfession ebenso wenig.

Aus diesem Grund habe ich angefangen eine schulinterne Befragung durchzuführen, bei der mehrere Eigenschaften der Probanden abgefragt wurden.

2. Methodisches Vorgehen und Datenerfassung

In dieser schulinternen Umfrage wurden rund 400 Bögen mit einer Ankreuz-Tabelle (siehe Anlage 1 für das unausgefüllte Formular und Anlage 2 für ein ausgefülltes Beispielformular) verteilt. In dieser wurde zunächst einmal das Geschlecht abgefragt, um zu schauen, ob Frauen bzw. Männer vielleicht eher zu einer bestimmten Falthaltung neigen, vor allem im Zusammenhang mit der starken Präsenz der Rechtshänder könnten einige Aspekte hieran untersucht werden. Als nächstes Merkmal wird die Händigkeit abgefragt, da diese in zahllosen Diskussionen als Begründung für die Falthaltung vorgegeben wird. Hieran soll also zunächst überprüft werden, wie groß der prozentuale Anteil an Rechts- bzw. Linkshändern ist, die den linken bzw. rechten Daumen nach oben legen. Des weiteren kann man vielleicht Besonderheiten feststellen und diese genauer betrachten. Ein weiteres Kriterium ist das Vorhandensein eines umerzogenen Probanden, also eines Linkshänders, der zum Rechtshänder umgeschult wurde. Diese Tatsache ist vor allem bei älteren Generationen wichtig, da die Gewohnheiten durch diese Umschulung stark verändert wurden und viele Leute ein neues Körperbewusstsein angenommen haben, auch zeigen sich Veränderungen gegenüber zurückgeschulten Personen. Allein aus dem Kriterium Händigkeit könnte man ohne diese Frage keine handfesten Ergebnisse bekommen. Bei umgeschulten Personen wird auch die Gewohnheit verändert, liegen also auch die Daumen anders, man könnte annehmen, dass auffällige Besonderheiten vorkommen.

Das letzte Kriterium ist die Konfession, mit der vor allem im Zusammenhang mit den älteren Generationen betrachtet werden soll, ob in Kirchen oder Kirchenverbänden ein bestimmtes Verhalten antrainiert wurde, damit kann man das Verhalten der einzelnen Probanden besser analysieren und bewerten. Außerdem erkennt man möglicherweise, inwiefern Religionsvorschriften ein bestimmtes Verhalten ändern, also wie sehr der Mensch seine Gewohnheiten durch andere beeinflussen lässt.

Um einerseits die Anzahl der Befragten zu erhöhen und andererseits um den Aspekt der Genetik zu untersuchen, wurden mehrere Zeilen in dieser Tabelle aufgeführt, in der der Schüler neben sich auch die Kriterien für seine Verwandtschaft und weitere Personen eintragen konnte. Somit erhält man Stammbäume mit den oben aufgeführten Kriterien und kann mögliche Zusammenhänge und Korrelationen untersuchen. Anzumerken ist noch, dass eine Möglichkeit gegeben war, die Merkmale seiner Urgroßeltern zu sammeln, um so Stammbäume für 4 Generationen aufstellen zu können. Letztendlich wurde noch ein Vermerk gemacht, dass die Probanden versuchen sollten, eine andere Falthaltung einzunehmen und ihr Gefühl zu beschreiben.

Die technische Umsetzung ist pragmatisch gehalten worden: Neben einem kurzen Einführungstext zum Thema, in dem auch die Bitte einer ehrlichen Antwort enthalten war und die wissenschaftliche Bedeutung dieses Themas geschildert wurde, enthielt der Fragebogen die oben beschriebene Tabelle. Die Felder sollten die Probanden selbst bzw. durch Nachfrage in der Verwandtschaft ausfüllen, wobei die Konfession als freiwillige Angabe galt. Im unteren Teil wurden ergänzende Erklärungen gegeben und gefragt, wie der Proband sich fühle, wenn er bzw. sie die Hände anders faltet.

Von diesem Druck wurden für die Jahrgänge 5 bis 12 Kopien erstellt und über die Lehrkräfte ausgegeben und zwei Wochen später wieder eingesammelt. Diese Ergebnisse wurden dann in einer Datenbank zusammengefasst, jede Person erhielt einen Primärschlüssel und wurde dem jeweiligen Bogen zugeordnet, dann wurden die einzelnen Tabelleninhalte übertragen, um im Folgenden Abfragen durchführen zu können.

Zusätzlich zu dieser statistischen Auswertung wurde eine Kindertagesstätte besucht und die Daten von insgesamt 11 Kindern aufgenommen, zusätzlich wurden Fotos (siehe Anlage 3) gemacht, dabei wurde einerseits untersucht, ob die Kinder Rechts- oder Linkshänder sind und welchen Daumen sie beim Händefalten nach oben legen bzw. wie sie ihre Hände falten. Ein Gespräch mit den Erziehern sollte dann zeigen, ob und wie diese am Lernfortschritt der Kinder bezüglich des Händefaltens beteiligt sind und ob sie den Kindern aktiv beibringen, welchen Daumen sie nach oben zu legen haben.

Außerdem wurde Kontakt mit verschiedenen Bestattungsinstituten aufgenommen, um in Erfahrung zu bringen, wie diese die Verstorbenen herrichten, da in den meisten Fällen die Verstorbenen in der Aufbahrung die Hände falten. In den Gesprächen wurde ebenfalls nach Händigkeit und dem obenliegenden Daumen gefragt und dann, wie die Bestatter die Hände der Verstorbenen falten und ob sie darauf achten, in welcher Weise sie dies tun.

Des weiteren wurde ein Ergotherapeut befragt, da diese meist ein sehr gut geschultes Körperbewusstsein besitzen und möglicherweise eine andere Erklärungsmöglichkeit für das Händefalten kennen, unter anderem auch durch Patienten. Es ist interessant, herauszufinden, wie ein Ergotherapeut über dieses Thema nachsinnt und ob ihm bestimmte Merkmale oder andere Besonderheiten bei seiner Arbeit aufgefallen sind.

Das Thema und die Fragestellung „Wodurch wird das Händefalten des Menschen bedingt?" kann somit unter den Aspekten Vererbung, Erziehung, Umgewöhnung, Händigkeit und Geschlecht betrachtet und untersucht werden.

3. Statistische Auswertung der ermittelten Daten

Bei der Umfrage erhielt man eine Resonanz von 323 Formularen und eine Ansammlung von insgesamt 1960 Datensätzen, wobei jeder Datensatz eine Person repräsentiert.

Eines der resultierenden Probleme ist, wie auch in der abschließenden Diskussion betrachtet wird, dass einige Datensätze nicht vollständig sind, also nicht alle Attribute ausgefüllt wurden. Deshalb kommt man beim absoluten Addieren aller Angaben nicht auf 100 %. Wie genau dieses Problem die Auswertung beeinflusst, wird ebenfalls in der Diskussion untersucht.

Es wurden 1005 weibliche Personen und 895 männliche Personen gezählt. Letztendlich fehlt die Angabe des Geschlechts bei 60 Personen. 1787 Rechtshänder und 145 Linkshänder wurden dabei mit in die Umfrage aufgenommen, 28 Personen haben ihre Händigkeit nicht angegeben. 876 Personen legen ihren rechten Daumen nach oben und 1028 den linken Daumen, dabei haben 56 Personen keine Angabe gemacht. Insgesamt haben 1285 römisch-katholische Personen und 220 evangelisch-lutherische Personen an der Umfrage teilgenommen. 7 Personen haben für ihre Religion „christlich" angegeben und eine Person ist neuapostolisch. Letztendlich haben 447 Personen ihre Religionszugehörigkeit nicht angegeben.

79 Personen haben angegeben, sie seien vom Linkshänder zum Rechtshänder umerzogen worden, 1881 sind nicht umgeschult worden. Außerdem wurden 7 Urgroßeltern angegeben.

Hierzu betrachte man die drei Diagramme in Anlage 4, welche die wichtigsten Informationen, auch bezüglich der folgenden Themen, noch einmal grafisch darstellen.

4. Stammbaumanalysen zur Überprüfung der genetischen Disposition

Zunächst wird der Aspekt der Genetik genauer betrachtet [7]. In jeder Zelle des menschlichen Körpers befinden sich Chromosomen, auf diesen wiederum Informationen für Merkmale, auch Gene genannt. Entsprechend der vorliegenden Gene werden bestimmte Merkmale ausgeprägt. Allerdings wird nicht jede gespeicherte Information ausgeprägt, einerseits, weil in bestimmten Zellen bestimmte Gene deaktiviert werden, zum anderen weil einige Gene dominant, andere jedoch rezessiv sind. Nun zur Bedeutung dieser beiden Begriffe: In den menschlichen Zellen (außer den Geschlechtszellen und während der Mitose) befindet sich immer ein doppelter Chromosomensatz, dass heißt, jedes Chromosom besitzt genau einen Partner, dabei stammt das eine Chromosom vom Vater, das andere von der Mutter. Neben 22 Autosomen-Paaren gibt es noch ein Gonosomen-Paar, das das Geschlecht bestimmt.

Wenn ein bestimmtes Gen (z.B. das einer Erbkrankheit) dominant ist und in einem Chromosomen-paar einmal, d.h. als ein Gen auftritt, das Partner-Chromosom jedoch nicht das für die Krankheit verantwortliche Gen trägt, dann bildet sich das Merkmal, in diesem Fall die Erbkrankheit aus. Ebenso bricht diese aus, wenn in dem Chromosomen-Paar beide Chromosomen das betreffende Gen tragen. D.h., dass schon das Vorhandensein *eines* dominanten Genes ausreicht, damit sich das entsprechende Merkmal ausprägt. Man spricht in diesem Fall auch von „Allelen", also von bestimmten Ausführungen eines Gens.

Im Falle eines rezessiv vererbten Merkmals prägt sich das Merkmal nur dann aus, wenn beide Chromosomen das rezessive Gen tragen. Sollte ein Allel das komplementäre dominante Gen sein, führt dies zur Merkmalsausprägung. Bei einer rezessiven Vererbung ist es möglich, dass das Merkmal eine Generation überspringt, dass heißt, dass alle Personen dieser Generation das entsprechende Gen tragen, jedoch keine Merkmalsausprägung besitzen.

Hierbei kann man dann zwischen einer autosomalen und einer gonosomalen Vererbung unterscheiden, ersteres bedeutet, dass das entsprechende Gen auf den Autosomen liegt, beim letzteren wird das Gen über die Geschlechtschromosomen vererbt.

Eine weitere Vererbungsmöglichkeit ist die intermediäre Vererbung. Bei dieser gibt es nicht nur die beiden Zustände: „Merkmal prägt sich aus" und „Merkmal prägt sich nicht aus", sondern auch Mischformen, zum Beispiel bei den Blutgruppen des Menschen: Wenn ein Mensch der Blutgruppe A und ein Mensch der Blutgruppe B Kinder bekommen, können diese entweder die Blutgruppe A,

B, AB oder sogar 0 bekommen. Die Blutgruppe des Menschen wird durch verschiedene Antikörper und Glykoproteine auf der Oberfläche der roten Blutkörperchen bestimmt, bzw. durch ein bestimmtes Gen. Die zufällige Genverteilung bei der Befruchtung führt dann zu verschiedenen, zufälligen Blutgruppen.

Die intermediäre Vererbung kann ausgeschlossen werden, da in der Umfrage lediglich eine Person angegeben hat, sie könne sowohl den linken, als auch den rechten Daumen oben haben, ohne Unterschiede zu merken. Daher gibt es bei diesem Merkmal scheinbar keine Mischformen, sondern nur zwei Zustände.
Für die gonsomale [8] Vererbung wird überprüft, ob „linker Daumen" oder „rechter Daumen" gonosomal-dominant vererbt wird. In der Anlage 5 finden sich dazu zwei Stammbäume, wobei jeder Fall separat betrachtet wird.

Die beiden X-Chromosomen befinden sich in den Zellen der Frau (Kreis), das X- und Y-Chromosom befinden sich in den Zellen des Mannes (Viereck). Da das Y-Chromosom so gut wie keine Informationen trägt, gibt es sehr wenige Merkmale, die über dieses vererbt werden. Es wird daher angenommen, dass das Merkmal „Daumen" über die X-Chromosomen vererbt wird. Wenn der Vater den rechten Daumen nach oben legt, dann muss die Tochter ebenfalls den rechten Daumen nach oben legen, bzw. im anderen Fall den linken. Dies ist so, weil das einzige X-Chromosom des Vaters vererbt wird und wenn auf diesem das dominante Gen liegt, wird sich das Merkmal auch bei der Tochter ausprägen.
Sollte nun eine Tochter ein anderes Merkmal als der Vater aufweisen, ist belegt, dass dieses Merkmal nicht gonosomal-dominant vererbt wird.

Es besteht jedoch auch die Möglichkeit, dass das Merkmal gonosomal-rezessiv vererbt wird. Dann müssten erheblich mehr Männer als Frauen dieses Merkmal vorweisen, da beim Mann die Wahrscheinlichkeit größer ist, ein rezessives Allel zu bekommen, das schon ausreicht, um das Merkmal auszuprägen. Bei der Frau müssten beide X-Chromosomen das rezessive Gen tragen, die Wahrscheinlichkeit hierfür ist jedoch geringer.
In der Umfrage wurden 1005 Frauen und 895 Männer gezählt. 44,6% der Männer legen den rechten Daumen nach oben, 45,6% der Frauen legen den rechten Daumen nach oben. Damit kann das Merkmal „rechter Daumen oben" schon einmal nicht gonosomal-rezessiv vererbt werden.
51,7% der Männer legen den linken Daumen nach oben, 52,3% der Frauen legen den linken Daumen nach oben. Somit wird auch das Merkmal „linker Daumen oben" nicht gonosomal-rezessiv vererbt.

Neben der gonosomalen Vererbung kann das Merkmal auch autosomal vererbt werden, dies ist die häufigere Form der Vererbung. Auch hier kann das Merkmal sowohl rezessiv als auch dominant vererbt werden.

Sollte das Merkmal „linker Daumen oben" oder „rechter Daumen oben" autosomal-rezessiv vererbt werden, dann wären die Stammbäume der Anlage 6 ein typisches Beispiel.
In der Darstellung stellen die Kreise wieder Frauen und die Vierecke Männer dar. Es werden immer die beiden theoretisch betroffenen Allele dargestellt. Wenn beide Eltern das rezessiv vererbte Merkmal besitzen, dann müssen die beiden Chromosomen jeweils das rezessive Gen tragen, alle Kinder müssen demnach auch die rezessiven Gene tragen und das gleiche Merkmal wie die Eltern ausbilden. Sollten Eltern, die beide den rechten bzw. den linken Daumen oben liegen haben, Kinder haben, die den jeweils anderen Daumen oben liegen haben, dann ist diese Theorie widerlegt und das Merkmal wird nicht autosomal-rezessiv vererbt.
In Anlage 7 befinden sich zwei Stammbäume, die verdeutlichen, inwiefern die oben genannten Theorien stimmen bzw. nicht stimmen.

Anhand der Großeltern bzw. der Eltern im Stammbaum 1 bzw. den Eltern im Stammbaum 2 kann man erkennen, dass weder das Merkmal „linker Daumen oben" noch das Merkmal „rechter Daumen oben" autosomal-rezessiv vererbt wird. Selbst wenn beide Eltern das gleiche Merkmal zeigen, zeigen die Kinder in jedem dieser Fälle auch das andere Merkmal.

Aber auch die Theorie der gonosomal-dominanten Vererbung wird hierdurch widerlegt, denn die Väter mit dem Merkmal „linker Daumen oben" bzw. „rechter Daumen oben" (siehe dazu Stammbaum 3 in Anlage 8) haben Töchter, die das jeweils andere Merkmal haben, damit können beide Merkmalsformen nicht dominant vererbt werden.

Somit bleibt nur noch die Möglichkeit übrig, dass eines dieser beiden Merkmale autosomal-dominant vererbt wird. Jedoch muss die Tatsache ausgeschlossen werden, da keines der beiden Formen rezessiv vererbt wird. Wenn das eine Gen nicht rezessiv vererbt wird, kann das andere nicht dominant vererbt werden, man kann sagen, bei einer rezessiven Vererbung tritt gleichzeitig ein dominantes Gen auf und umgekehrt. Eine Vererbung, die auf einem einzigen Gen basiert, kann damit ausgeschlossen werden. Aber in diesen Stammbaumanalysen wurde nicht die Tatsache berücksichtigt, dass auch mehrere Gene an der Ausprägung eines Merkmals beteiligt sein können. In so einem Fall gäbe es Genwirkketten, die durch das Vorhandensein bzw. Fehlen bestimmter Gene gesteuert werden und damit an der Merkmalsausprägung indirekt beteiligt sind [9].

5. Bedeutung der Händigkeit für das Händefalten

Durch Korrelations-Untersuchungen mit den Daten der Umfrage lässt sich recht einfach beantworten, ob und wie Rechtshändigkeit und Linkshändigkeit mit dem Merkmal „Daumen oben" zusammenhängen.

7,3% der Befragten sind Linkshänder, 91,2% sind Rechtshänder. Es ist üblich, dass die menschliche Spezies eher rechtslastig handelt als anders herum, deshalb kann man auch in allen Bevölkerungsgruppen eine Rechtsdominanz bzw. Rechtshänderdominanz feststellen [10]. Auch bei sog. Beidhändern zeigt sich oft eine eher rechtslastige Arbeitsweise. Dementsprechend ist die Gesellschaft nach Rechtshändern ausgeprägt, Linkshänder müssen oft umdenken, von der „richtigen" Hand zur „falschen", Türen müssten mit links geöffnet werden, doch fällt es vielen Linkshändern leichter, wenn sie dafür die rechte Hand nutzen. Auch gibt es viele umgeschulte und rückgeschulte Linkshänder, was in der Diskussion noch genauer beleuchtet wird [11].

Erstaunlich ist, dass trotz dieser großen Differenzen die Rechter-Daumen-Linker-Daumen-Verteilung nahezu gleich ist. Auf den ersten Blick scheint Händigkeit keine Ursache für das Phänomen „Daumen oben" zu sein. Doch erst einmal eine Hypothese: Das Links-Rechtsdenken des Menschen beruht auf Vererbung und zur Aktivität des Gehirns [7]. Dafür ist zunächst die Aufteilung in die beiden Gehirnhälften zu betrachten. Dabei kreuzen sich die motorisch-neuronalen Wege beider Hälften so, dass die linke Gehirnhälfte die rechte Körperseite kontrolliert und die rechte Gehirnhälfte die linke Körperseite. Entsprechend den Veranlagungen eines Menschen kann eine höhere Aktivität in der rechten Gehirnhälfte vorliegen, solche Menschen sind meist kreativ und emotional veranlagt. Anders herum steuert die linke Gehirnhälfte eher logische und rationale Vorgänge. Dabei muss die Verteilung der Aktivität im Gehirn nicht unbedingt vererbt werden, oft ist es Zufall, wie sich die Merkmale eines Menschen diesbezüglich ausprägen. Von einigen Anthropologen wird behauptet, dass Rechtshänder zwangsläufig rationaler denken als Linkshänder, jedoch ist der relative Anteil an kreativen bzw. emotionalen Menschen deutlich höher als der Anteil von Linkshändern. Somit kann ausgeschlossen werden, dass man von der Händigkeit direkt auf die Hirnaktivität schließen kann [12].

Man kann sich nun einmal genauer anschauen, wie der Großteil der Rechts- bzw. Linkshänder ihre Daumen legt: 59,4% der Linkshänder legen ihren linken Daumen nach oben, 40,6% den rechten. 53,8% der Rechtshänder legen den linken Daumen nach oben und 43,6% den rechten. Hier gibt es schon größere Differenzen bei den Zahlen. Man erkennt, dass bei Linkshändern öfter der linke Daumen oben liegt als der rechte. Anders herum gesagt, ist die Verteilung bei den Rechtshändern annähernd 50:50, obwohl ein etwas größerer Teil den linken Daumen oben legt. Es scheint also so zu sein, dass bei den Rechtshändern der Zufall entscheidet, welcher Daumen oben liegt, bei den Linkshändern jedoch eine Tendenz zum linken Daumen vorhanden ist. Daraus lässt sich die Frage ableiten, ob das besondere Körperbewusstsein von Linkshändern auch in einer deutlicheren Spezifizierung des „Daumens oben" resultiert.

Damit kommt man zum nächsten Aspekt: Links- und Rechtshänder in der Gesellschaft.
Wie schon gesagt, müssen sich Linkshänder in unserer rechtsorientierten Welt an andere Verhaltensweisen gewöhnen, sowohl in den Industriestaaten als auch bei Ureinwohnern. Sie lernen über die Jahre, ihren Körper anders wahrzunehmen und auch zu nutzen. So weit es möglich ist, verwenden sie ihre rechte Hand, jedoch benutzen sie für viele Aktivitäten auch ihre linke Hand. Am stärksten zeigt sich das in der (historischen) Umschulung von Linkshändern. Weil sie damals schon fast als „minderwertig" galten, wurden viele Linkshänder zu Rechtshändern umgezogen, dies war ein langfristiger und oft komplizierter Prozess, meist zum Leidwesen der Teilnehmer solcher Umschulungen. „Links", was für die Betroffenen als „richtig" galt, war plötzlich falsch und man musste selbst beim Händefalten in der Kirche den rechten Daumen nach oben legen. Solche Personen verloren mit der Zeit ihr ursprüngliches Körperbewusstsein und erlernten ein neues. Selten ging es jedoch völlig „verloren", was daran zu erkennen ist, dass kein Umgeschulter in der Umfrage beide Daumen nach oben legt [7].

Die Umerziehung bei Linkshändern gilt als überholt, da sie den motorischen Apparat des Menschen künstlich verstellt, zwar werden die Linkshänder nicht zu Rechtshändern, jedoch lernen sie, gewisse Aktivitäten wie etwa das Schreiben mit der rechten Hand auszuführen.
Man unterscheidet zwischen einer dominanten und einer nicht-dominanten Hand, wobei sich dieser Ausdruck nicht auf die Gene bezieht, die dominante Hand ist die Hand, die ein Mensch benutzt, um anspruchsvollere Aufgaben zu lösen, die nicht-dominante Hand führt zwar ebenfalls eine anspruchsvolle Aufgabe aus, liegt jedoch immer im Hintergrund, wendet weniger Feinmotorik an und Kraftsteuerung auf. Einem Rechtshänder fällt es leichter, solche Aufgaben mit der rechten Hand zu lösen, Linkshändern mit der linken Hand. Wie schon erklärt ist die Händigkeit über das Gehirn festgelegt. Eine Umschulung führt dazu, die dominante und nicht-dominante Hand zu tauschen, im Gehirn muss plötzlich die andere Gehirnhälfte die Aufgaben übernehmen, daraus können sowohl leichte Folgeschäden wie ein unnormales Körpergefühl als auch schwere Folgeschäden wie Verluste des Beherrschens von Sprache und Motorik und psychische Problemen resultieren [13].

Aus diesem Grund ist es einen Blick wert, zu schauen, welchen Daumen umgeschulte Linkshänder nach oben legen und inwiefern dies mit den Daten von Rechtshändern und nicht-umerzogenen Linkshändern in Verbindung steht. 43,8% aller umerzogenen Linkshänder legen den rechten Daumen nach oben und 56,2% den linken. Diese Verteilung erinnert stark an die von normalen Linkshändern, bei denen es 39,9% zu 60,2% sind. Wenn man Linkshänder dabei beobachtet, wie sie zum Beispiel klatschen, die Arme verschränken oder sich die Finger reiben, können ähnliche Parallelen gezogen werden. Umgeschulte Linkshänder verhalten sich statistisch gesehen weniger wie Rechtshänder als wie Linkshänder. Es zeigt deutlich, dass eine Umschulung keinen direkten Einfluss auf die Benutzung linker bzw. rechter Körperareale besitzt. Wenn es nicht explizit beigebracht wurde, wird ein Linkshänder nach einer Umschulung den gleichen Daumen nach oben legen wie davor. Daraus lässt sich schließen, dass die Körperwahrnehmung unter dem Aspekt „Daumen oben" nicht einfach umgewöhnt werden kann, des weiteren erschließt sich daraus, dass es eine gewisse Unabhängigkeit zwischen Händigkeit und dem Phänomen „Daumen oben" gibt. Vor allem, wenn man sich die oben genannten Korrelationsdaten anschaut, stellt man fest, dass bei einer erhöhten Anzahl an Teilnehmern die Verteilung gegen 50:50 läuft. Mit diesen Tatsachen kann gesagt werden, dass die Händigkeit nicht oder zumindest nicht direkt bestimmt, welchen Daumen man nach oben legt.

6. Untersuchung geschlechtsspezifischer Besonderheiten

Angrenzend an die Untersuchung der Händigkeit befasse ich mich im Folgenden mit den restlichen statistischen Daten der Umfrage, bevor ich im letzten Teil der Untersuchung auf die Erziehung und das Körperbewusstsein im Einzelnen eingehe.

51,2% der Teilnehmer sind weiblich. Ungefähr 45,6% sind männlich, die anderen Personen haben ihr Geschlecht nicht angegeben. Damit haben wir einen geringen Frauen-Überschuss. 26,8% sind Frauen und legen den rechten Daumen nach oben, unter den Frauen legen somit 46,5% diesen Daumen nach oben. 53,5% legen den linken Daumen nach oben, damit legen 23,4% aller Befragten den linken Daumen nach oben und sind Frauen. Es scheint also einen etwas größeren Anteil an Frauen zu geben, die den linken Daumen nach oben legen, genau genommen sind es 67 Personen mehr.

Bei den Männern legen 46,3% den rechten Daumen nach oben, 53,7% den linken.

Gesamt gesehen machen die männlichen Personen, die den rechten Daumen oben haben, 20% aus, männliche Personen, die den linken Daumen nach oben legen, 23,6%. Auch hier lässt sich deutlich erkennen, dass die Personen, die den linken Daumen nach oben legen, häufiger vorkommen. Um mögliche Manipulationen zu kennzeichnen, gebe ich noch den Anteil der umerzogenen Frauen bzw. Männer an: Bei den Frauen gibt es ca. 3,9% umerzogene Personen, bei den Männern ca. 4,4%. Also scheinen die Daten recht aussagekräftig zu sein, da es diesbezüglich kaum Abweichungen gibt.

Weder bei Frauen noch bei Männern setzt sich irgendein Merkmal besonders durch, im Gegenteil, das Verhältnis ist sehr ähnlich zu dem aller teilnehmenden Personen, es scheint keine gravierenden Unterschiede zwischen beiden Geschlechtern zu geben.

7. Festlegung des Händefaltens durch die Erziehung

7.1 Einfluss der Konfession

Bis in die 70er Jahre hinein haben viele Geistliche ihren Schülern noch bestimmte Rechts/Links-Verhaltensweisen beigebracht. Vor allem bei den Römisch-Katholischen wurde vorgeschrieben, die rechte Hand unter die linke zu legen, wenn man Rechtshänder ist und beim Gebet musste der rechte Finger oben liegen. Begründet wurden diese Vorschriften mit besserem Nehmen der Hostie bei der Kommunion und um schneller das Kreuzzeichen machen zu können. Bis heute gehen Millionen Menschen wöchentlich zum Gottesdienst, meist die Älteren. Deswegen sind vor allem die Eltern bzw. Großeltern und vor allem die Urgroßeltern interessant, weil diesen während ihrer Entwicklungsphase bestimmte Verhaltensmuster gelehrt wurden.

Erstaunlich ist, dass 54% aller älteren Katholiken den rechten Daumen nach oben legten und lediglich 46% den linken Daumen. Ganz andere Werte erhält man bei den Protestanten: 49% legen den rechten und 51% den linken Daumen nach oben. Zur Überprüfung: 94,9% der älteren Katholiken sind Rechtshänder, bei den Protestanten beträgt der prozentuale Anteil der Rechtshänder 92,4%. Somit lässt sich eine mögliche Beeinflussung hinsichtlich der Händigkeit ausschließen.

Das Verhältnis bei den evangelisch-lutherischen Probanden entspricht in etwa dem der gesamten Masse. Anders jedoch bei den Katholiken: Mit einer Differenz von 28 Personen bei 342 untersuchten älteren Katholiken legen mehr Menschen den rechten Daumen nach oben als den linken. Es ist einerseits umgekehrt, andererseits ist das Verhältnis selbst negiert viel verstärkter als erwartet. Daraus lässt sich schließen, dass bei den älteren Generationen tatsächlich mehrere Personen trainiert wurden, den rechten Daumen nach oben zu legen. Damit kann man festhalten, dass mindestens eine nennenswerte Manipulation vorliegt: Die Konfession scheint das Rechts-Links-Bewusstsein der Menschen zu verändern, vor allem bei den Generationen, die die „Dogmen-Ideologie" der katholischen Kirche miterlebt haben, bei freieren Religionen, wie zum Beispiel der evangelisch-lutherischen, findet sich diese Tatsache nicht wieder. Was diese Zusammenhänge im Einzelnen bedeuten, wird in der Diskussion genauer erläutert.

Jedoch verliert sich der Effekt mit dem Hinzunehmen jüngerer Generationen. 44,9% aller befragten Katholiken legen den rechten Daumen nach oben, 44,3% sind es bei den Protestanten. Dies liegt daran, dass in den jüngeren Generationen der Anteil der Kirchgänger auf der einen Seite, aber auch der Anteil der konservativen Geistlichen geringer wird. Bei diesen Generationen ist das Händefalten unabhängig von der Konfession.

7.2 Auswirkungen der freien Erziehung

Im letzten Teil meiner Auswertung möchte ich den Einfluss der Erziehung auf das Rechts-Links-Verhalten und das sogenannte Körperbewusstsein des Menschen erörtern.
Menschen sind „Gemeinschaftstiere" und viele Phänomene lassen sich mit dieser Tatsache erklären. Zum Beispiel, dass wenn eine Person gähnt, viele weitere Personen in der näheren Umgebung ebenfalls anfangen zu gähnen. Ähnlich verhält es sich mit Kratzen oder Husten. Der Mensch schaut sich Gewohnheiten älterer oder allgemein anderer Menschen ab, dies ist eine Verhaltensweise, die sich während der Evolution herauskristallisiert hat. Auf den ersten Blick wirkt es unnütz, jedoch konnten Forscher herausfinden, dass junge Affen ihren Eltern z.B. bei der Futtersuche zuschauen und Techniken, die diese verwenden, beobachten, sich merken und später versuchen, selbst diese Methoden anzuwenden, so werden Erfahrungen weitergegeben. Von anderen Personen bzw. Affen schauen sich Artgenossen motorische Bewegungen ab, imitiert diese und hoffen, sie seien sinnvoll für das Überleben.
Negative Verhaltensweisen werden durch resultierende Fehler bestraft, die Personen bzw. Affen lernen, sich die sinnvollsten Bewegungen zu merken und anzuwenden. Dieses System hat sich im Laufe der Evolution immer weiter verändert und ist größtenteils ein unbewusster Prozess geworden, man merkt kaum noch, dass man bei anderen „abguckt". Wenn ein anderer in der Nähe gähnt, gähnt man selber und denkt nicht darüber nach. Dies lässt auf jeden Fall die Vermutung zu, dass es mit dem Händefalten ähnlich ist, denn Kinder schauen sich oft nicht nur Verhaltensweisen von Älteren ab, sondern die Eltern versuchen sogar, den Kindern das Händefalten beizubringen. Dabei sind Aussagen wie „Schau mal, kannst du das auch? Versuch doch mal, das nachzumachen!" schon alltäglich [14].
So ein Erziehungs-Verhalten ist bei Affen weniger ausgeprägt, es scheint sich also im Laufe der Evolution verstärkt zu haben, scheinbar bietet es mehr Vorteile. Nun muss man sich aber überlegen, wie weit diese Erziehung geht und ob man mittlerweile jeden Handschlag von seinen Eltern lernt. Wohl kaum, denn oft zeigen Kinder andere Verhaltensweisen, finden sogar selbst motorische Abläufe heraus, zum Beispiel, wie jeder für sich am effektivsten die Zähne putzen kann. Zwar zeigen die Eltern noch die Grundbewegungen aber zum Beispiel, welche Hand man benutzt, das entscheiden die Kinder selbst. Man könnte nun natürlich behaupten, die Kinder würden dies von anderen Personen lernen, z.B. von den Erziehern im Kindergarten. Aus diesem Grund habe ich einen Kindergarten besucht und 11 Kinder im Alter von 3 bis 5 Jahren genauer untersucht. Diese Kinder haben erst vor kurzem gelernt, wie man seine Hände verschränkt faltet.
Anlage 3 enthält Fotos, von denen zwei das Händefalten der Kinder dokumentieren und ein Foto, dass das „einfache" Falten bildlich darstellt.

Von den 11 Kindern waren 3 Personen Linkshänder, darunter 2 Jungen. 8 Kinder legen den linken Daumen nach oben. Dabei war kein Unterschied zwischen Links- und Rechtshändern zu erkennen. Die drei Jungen im Alter von 4 und 5 Jahren auf dem ersten Foto haben begeistert mit Lego®-Bauklötzen gespielt und auch gezeigt, dass sie schon eine gewisse Feinmotorik besitzen. Die Mädchen (3 bis 5 Jahre) haben eher künstlerisch gearbeitet und hatten eine – vermutlich durch das junge Alter - ausgeprägtere Grobmotorik. Ein Kind litt unter Wahrnehmungsstörung, eventuell lässt sich das mit einem anderen Körperbewusstsein verbinden. Die Kinder konnten allesamt leicht ihre Hände falten, lediglich zwei Personen mussten kurz überlegen, wie man seine Hände faltet, doch auch bei ihnen war das Bewegungsmuster sehr flüssig. Ebenso habe ich von den Erziehern erfahren, dass Kinder im Allgemeinen schnell das Händefalten erlernen, obwohl es wider den Erwartungen spricht, ist es doch augenscheinlich ein komplexerer Prozess die Finger systematisch zu verrenken. Andererseits ist es auch möglich, die Finger zu spreizen, dann zusammenzulegen und sie dann wieder anzuspannen.

Interessanterweise war genau das die Technik, die die Kinder anwendeten, wobei die Erzieher, wie es viele im Laufe der Zeit machen, die Finger locker zusammenlegen können und die Anspannung der Muskulatur fehlt. Auf den Fotos ist zu erkennen, dass die Finger fest zusammengedrückt werden. Kinder versuchen, es so „richtig" wie möglich zu machen, ein ganz natürlicher Prozess. Wenn sie sehen, wie Ältere die Hände falten, wollen sie ihre eigenen fest „verankern", damit diese fest zusammenhalten. Auch wenn sie von den Erwachsenen lernen könnten, die Hände locker zusammenzuführen, halten sie an ihren eigenen Lernmethoden fest. Auch die Assoziation des Sprachbegriffes „Händefalten" mit der Tätigkeit ist nicht allzu anspruchsvoll, so dass Kinder schon schnell lernen, was damit gemeint ist. Wenn man sie fragt, wie sie ihre Hände aufeinanderlegen, also wenn sie die Vorform des Händefaltens ausüben, sieht man, dass die Daumen so gelegt werden, dass der eine Daumen auf dem Zeigefingerknöchel der anderen Hand liegt und der andere Daumen auf dem Mittelhandknochen des einen Daumens.

Hierbei stellt sich folgende Besonderheit dar: Das „einfache" Händefalten (siehe Foto in Anlage 3) ist komplett unabhängig von der verschränkten Form; welcher Daumen oben liegt, wird einzig durch die Händigkeit bestimmt. Rechtshänder legen ihre rechte Hand nach oben, Linkshänder die linke. Damit einhergehend wird auch der Daumen bestimmt. Vermutlich bedeutet dies, dass der motorische Ablauf einer asymmetrische Faltform durch die Händigkeit bestimmt wird, also wenn zum Beispiel eine ganze Hand oben liegt. Soll die Faltform symmetrisch sein, also beide Hände gleichmäßig miteinbezogen werden, wie beim verschränkten Händefalten, so wird über den thematisierten Zufallsmechanismus entschieden, welcher Daumen das Leben lang bei diesem Verschränken oben liegt. Obwohl beide Faltmöglichkeiten nah verwandt sind, ist die Körperwahrnehmung bei beiden jedoch stark unterschiedlich. Dieser Faktor muss bei Untersuchungen von Rechts-Links-Phänomenen immer mit berücksichtigt werden.

Die Erzieher waren es, die den Kindern beigebracht haben, wie man die Hände faltet. Dies wurde während des Betens gemacht, also das Beten mit dem Händefalten assoziiert, dabei hätten die Erzieher aber nicht vorgegeben, welchen Daumen sie nach oben zu legen hätten. Ebenso hätten die Kinder keine Fragen dazu gestellt, sie haben sich kurz aber aufmerksam angesehen, wie die Erzieher es ihnen vorgemacht haben und haben es dann selbst versucht. Bei den ersten Versuchen habe es nicht so gut geklappt, aber bereits nach zwei Tagen konnten die meisten ihre Hände falten. Auch sei es nicht schwer gefallen, dem Kind mit der Wahrnehmungsstörung beizubringen, die Hände zu falten, psychische Ursachen scheinen also keine wichtigen Faktoren in diesem Zusammenhang zu sein.

Anders ist es bei den Erwachsenen, die anderen Menschen die Hände falten sollen: Ergotherapeuten und Bestatter sind dazu geneigt, die Körperhaltungen anderer Menschen vorzugeben, da dies in ihrem Aufgabenbereich liegt. In den von mir mit den Bestattungsinstituten geführten Gesprächen musste ich feststellen, dass sie innerhalb ihres Spielraumes versuchen, den verstorbenen Personen die Hände so zu falten wie sie es selber machen und dass der Vorgang unbewusst abläuft. Das Gehirn muss also wissen, wie die eigenen Hände sich falten und versucht, dieses Verhalten auf andere zu übertragen. Nach Aussagen der Ergotherapeuten sei es sehr ungewöhnlich, anderen Menschen beizubringen, die Hände anders zu falten, als man es selbst mache, es fühle sich an, als würde man seine eigenen Hände anders falten. Der Unterschied zu den Kindergarten-Kindern ist, dass diese selbst bestimmen können bzw. selbst entscheiden, welchen Daumen sie nach oben legen (wollen). Das lässt die Vermutung zu, dass die Tatsache, dass der Mensch versucht, Mitmenschen aktiv dazu zu bewegen, einen bestimmten Daumen nach oben zu legen, relativ unwichtig ist, solange nicht der gezwungene Fall, wie oben angesprochen in der katholischen Kirche, auftritt.

8. Körperwahrnehmung am Beispiel des Händefaltens

Im Folgenden wird aufgedeckt, was sich wirklich hinter dem Begriff „Körperwahrnehmung" verbirgt. Da ich ihn in meiner Ausarbeitung nun schon mehrmals verwendet habe, wird dieser Begriff nachstehend näher definiert.
Körperwahrnehmung meint das Bewusstsein über seinen eigenen Körper. Damit ist vor allem der physische Teil gemeint. Streng genommen setzt sich die Körperwahrnehmung aus der Gesamtheit aller Sinne zusammen, die eine Art „Feedback" über den eigenen Körper geben. Der wichtigste Sinn ist der des Fühlens. Die vielen kleinen Sinnes- und Nervenzellen in Haut und Muskeln leiten Druck in Form von elektrischen Signalen zum Gehirn, dieses registriert, wo sich gerade Zustände ändern. Der Mensch bekommt diese Verarbeitung im Gehirn nicht mit, lediglich ein Endsignal, nämlich die Emotionen, die Körperwahrnehmung, ist realisierbar. Mehrere Körperwahrnehmungen setzen sich mit der Zeit zu einem allgemeinen Körperbewusstsein zusammen. Das Gehirn entwickelt spätestens ab dem Schulalter ein Gespür dafür, wie es die Körperaktionen und -reaktionen bewerten soll und entwickelt parallel dazu ein Richtig/Falsch-Empfinden [7]. Bis zum Ende der Pubertät entwickelt sich der Körper und testet auch verschiedene motorische Bewegungsabläufe [15]. Es kann sogar sein, dass sich bei Beidhändern eine dominante Hand weniger ausprägt, nach der Pubertät aber wieder in den Vordergrund tritt. Warum es die Körperwahrnehmung gibt, ist nicht einheitlich geklärt, zumal es ein psychologischer Prozess ist und damit nur in der „Blackbox" Gehirn stattfindet. Trotzdem arbeitet es, wie schon gesagt nach dem Eingabe-Verarbeitung-Ausgabe-Prinzip, d.h. bei motorischen Abläufen wird auch immer ein richtiges oder falsches Gefühl erzeugt, meist aber nur schwach an die Großhirnrinde, also dem Bewusstsein, weitergegeben. Erst wenn man sich bewusst bewegt, fällt einem auf, wie unterschiedlich sich verschiedene Formen anfühlen können. Im Alltag erfolgt die Bewertung unbewusst und wird abgespeichert. Andererseits haben sich auch an anderen Stellen im Tierreich Methoden entwickelt, Verhaltensweisen als richtig oder falsch zu bewerten. Vermutlich hat sich diese Methode, analog zu dem oben genannten „Abschauen", mit der im Laufe der Evolution spezifiziert und auf einfache motorische Abläufe übertragen. Jedoch lässt sich diese Theorie nicht beweisen, solange keine fundierten Belege dafür gegeben werden.

Umso interessanter ist, wie Menschen das Falten ihrer Hände beurteilen. Von insgesamt 112 Personen habe ich eine Rückmeldung über das Gefühl erhalten, das sie haben, wenn sie den Daumen nach oben legen, der sonst unten liegt. Wenn sich das Körperbewusstsein nun auch auf das Falten der Hände bezieht, erwartet man, dass viele schreiben, es fühle sich ungewohnt an. Erstaunlich ist, dass man mit 4 Begriffen 98% aller Rückmeldungen aufgreifen kann: „Ungewohnt/Ungewöhnlich", „Komisch", „Ungemütlich", „Unbequem".

Dabei wurden mehrere Begriffe auch zusammen verwendet. Im Folgenden führe ich alle Begriffe bzw. Ausdrücke auf, die genannt wurden:

- Ungewohnt
- Ungemütlich
- Ungewöhnlich
- Unbequem
- Unwohl
- Komisch
- Seltsam
- Merkwürdig
- Falsch
- Zeigefinger und kleiner Finger fühlen sich falsch an.
- Kleiner Finger und Daumen haben keine Bindung, sie sind überflüssig.
- Unrichtig
- Nicht richtig
- Fremd
- Als ob etwas nicht in Ordnung wäre
- Unpassend
- Scheiße
- Anders
- Gewöhnungsbedürftig
- Als ob man eine Behinderung hätte
- Eingeklemmt
- Passt nicht zusammen
- Verwirrt
- Schief
- Geht nicht anders
- Suboptimal
- Verkehrt
- Ungleichmäßig
- Kein Halt
- Als wenn Finger verkrampft/verrenkt sind
- Tut ein bisschen weh
- Kann man schlecht haben
- Blöd
- Linker Daumen fühlt sich größer an als rechter. (In Wirklichkeit jedoch umgekehrt)
- Unterer Daumen fühlt sich eingeengt an.
- Daumen würde in Kuhle rutschen
- Das Herz wird nicht mit eingeschlossen.

Noch interessanter ist der Ausdruck „lustig und cool", was zwar keine Negativ-Beschreibung ist, aber doch die Besonderheit der neuen Falthaltung darstellt. Oft sind auch noch Ergänzungen wie „sehr", „total" und „ganz" zu lesen, es ist also immer das gleiche starke Gefühl. Außerdem werden noch Vermutungen hinzugefügt, das Gehirn würde sagen, es sei falsch, die Hände so zu falten oder die Finger seien es normalerweise anders gewöhnt und deshalb fühle sich die neue Falthaltung anders an. Jedoch muss man auch die 4 Personen betrachten, die angegeben haben, es würde sich „normal" und „nicht anders als sonst" anfühlen. Hinzu kommen noch die Meinungen, dass nach einigen Minuten eine Angewöhnung stattfindet, wobei das „Falsch"-Gefühl erhalten bliebe oder die

Meinungen, dass keine Angewöhnung stattfindet. Eine Person berichtet sogar von Problemen, die Hände wieder „richtig" zu falten, nachdem man mehrere Minuten die „falsche" Position gehalten hat. Trotz einiger Abweichungen lässt sich deutlich erkennen, wie das Körpergefühl die normale Falthaltung bewertet und wie das Gehirn reagiert, wenn man sich plötzlich umstellt. Die meisten Befragten sind mindestens 10 Jahre alt, der Körper hat also schon mehrere Jahre mit dem Händefalten verbracht und sich an die „bessere" Position gewöhnt. Es scheint auch nicht kompliziert zu sein, dieses Gefühl zu beschreiben. „Ungewohnt" wurde von so ziemlich jeden Teilnehmer als Bewertung hervorgebracht, auch mit „komisch" wurde die neue Motorik beschrieben und als „falsch" deklariert. Ich behaupte sogar, dieses Ergebnis ist das deutlichste von allen Versuchsreihen. Man kann also sagen, dass das Händefalten des Menschen durch das Körpergefühl bestimmt wird. Es wird zwar nach zufälligen Gegebenheiten bestimmt, welcher Daumen oben liegt, aber mit dieser Festlegung bleibt das Gefühl für „richtig" immer gleich.

Alles in allem lässt sich sagen, dass das Händefaltens des Menschen nicht genetisch festgelegt wird und auch nicht durch (freie) Erziehung bestimmt wird. Letztendlich ist es ein Zufall, welchen Daumen wir Menschen nach oben legen und wir können ausschließen, dass es irgendwo außer in unserem Gehirn selbst festgelegt ist. Wie so viele Merkmale entstehen diese Wurzeln des Menschen im Gehirn, zufällig aber nicht unwichtig; sie bleiben erhalten und ändern sich nicht. Gerade deswegen bin ich mit meinen Ergebnissen zufrieden, weil ich widerlegen konnte, dass man die Problematik mit einfachen biologischen Erklärungen erfassen kann. Höchstens komplexe Untersuchungen unter Berücksichtigung verschiedener Fachgebiete der Biologie können dieses Phänomen erklären. Es bleibt ein ungeklärtes Geheimnis, aber mithilfe dieser Arbeit kann man immerhin sagen, woran es *nicht* liegt.

9. Kritische Reflexion der Ergebnisse

Natürlich sind meine Untersuchungen nicht das letzte Kapitel dieses Themengebietes. In diesem Abschnitt bespreche ich noch einmal kurz, was man besser machen könnte und wo meine Probleme lagen.

Viele Teilnehmer der Umfrage haben die Datensätze nur unvollständig ausgefüllt oder haben die Daten zum Geschlecht oder zu den Händigkeiten nicht angegeben, was mich doch relativ erstaunt hat. Bei einigen wurde wiederum nicht festgehalten, welcher Daumen nun oben liegt. Durch diese unvollständigen Datensätze ist es natürlich schwierig, eine vernünftige Auswertung machen zu können. Ich habe viele dieser Datensätze einfach übernommen, allein aus dem Grund, um möglichst viele Informationen sammeln zu können. Der Nachteil ist jedoch leider, dass die Aussagen ungenau werden und Zusammenhänge verloren gehen. Ich schätze die Anzahl der unvollständigen Datensätze auf ungefähr 100 und behaupte deswegen auch, dass meine Vorgehensweise letztendlich nur einen relativ geringen Einfluss auf die Ergebnisse hat.

Ebenso muss man die Gewissenhaftigkeit der Schüler betrachten. Einige haben vermutlich kaum oder gar nicht recherchiert und falsche Daten eingetragen. Manchmal hat man auch ausgefüllte Formulare gesehen, bei denen man erwarten konnte, dass der Schüler bzw. die Schülerin sich recht wenig Mühe mit der Beantwortung der Fragen gemacht hat.

Das nächste Problem liegt darin, dass sich bei Linkshändern mittlerweile ein besonderer Diskussions-Kult entwickelt hat, wodurch neue Bezeichnungen entstanden sind. Linkshänder sehen sich als Linkshänder, unabhängig davon, ob sie nun umgeschult, rückgeschult, z.T. Linkshänder oder ähnliches sind. Bei der Umfrage fehlt also die genaue Analyse der Linkshänder und in welcher Situation sie sich befinden. Allerdings konnte ich dies aus Gründen des Datenschutzes nicht machen, da ich an meiner Schule keine personenbezogenen Daten sammeln, speichern und auswerten darf. Dazu wäre ein Einverständnis aller Eltern nötig gewesen, der Aufwand dafür viel zu hoch. Des weiteren muss man annehmen, dass es nur zwei große Gruppen der Linkshänder gibt, nämlich die der „normalen" und die der „umgeschulten". Inwiefern dieses Problem Einfluss auf die Daten der Linkshänder nimmt, kann ich somit nicht beantworten.

In den Ergebnissen kam heraus, dass ältere Katholiken eher dazu neiden, den rechten Daumen nach oben zu legen, zumal sie dies in jungen Jahren beigebracht bekamen. Dadurch wird das Körpergefühl verändert, man faltet die Hände anders als es einem in der Kindheit wohl war. Vorteilhaft ist in diesem Fall, dass es recht wenige dieser Manipulations-Faktoren gibt und der Einfluss auf die Ergebnisse auch recht gering ist.

Um mich noch einmal auf meine Literatur zu beziehen: Ich habe meine Informationen für den Einleitungstext aus Internetforen, vor allem aus dem Linkshänderforum.org gesammelt. Die dort besprochenen Hypothesen sind selbstverständlich unbelegt und können nicht als wissenschaftlich korrekt angesehen werden, man kann sie nur als Denkanstoß verstehen.

Doch man könnte auch dort ansetzten, wo ich aufgehört habe, nämlich beim Ausschluss weiterer Kriterien. Z.B. ist noch nicht ganz geklärt, ob das Merkmal „Daumen oben" nun vererbt wird oder nicht. Man müsste genaue Genanalysen machen und herausfinden, ob man über bestimmte Genveränderungen kontrollierte Verhaltensweisen hervorrufen kann, dann müsste man noch schauen, ob diese Merkmale auch erblich sind. Meine Statistik könnte man auch noch ausweiten, größere Datenmengen sammeln und weitere Kriterien untersuchen und sogar Gespräche mit einzelnen Personen führen. Dabei ist es aber immer schwierig, Störfaktoren nicht zu übersehen. Eine weitere Möglichkeit besteht darin, psychologische Untersuchungen, vor allem hinsichtlich des Körperbewusstseins, anzustellen. Denn hier liegt der Schlüssel in der Tatsache, dass das Merkmal lebenslang gleich bleibt.

Meine Forschung kann keine genauen Ergebnisse liefern, aber zumindest die Suche nach den Ursachen weiter einschränken. Das Thema Rechts-Links-Phänomene des Menschen wird heutzutage weniger untersucht. Mit mehr Unterstützung seitens der Wissenschaftler könnte man die Geheimnisse hinsichtlich des menschlichen Körperbewusstseins genauer analysieren.

Literaturverzeichnis

[1]
http://www.linkshaenderforum.org/forum/showthread.php?t=15519&page=3
Stand: 03.01.2012; 18:00 Uhr
mehrere Autoren, unter anderem „Judith75" als Thread-Gründerin, Händefalten, welcher Daumen ist oben

[2]
http://de.answers.yahoo.com/question/index?qid=20070920012406AAwtXAl
Stand: 03.01.2012; 18:00 Uhr
mehrere Autoren, unter anderem „fleeflow" als Thread-Gründer, Warum zeigt beim Händefalten (wie zum Gebet) bei den meisten Menschen der linke Daumen nach oben?

[3]
http://www.linkshaenderforum.org/forum/showthread.php?t=13299
Stand: 03.01.2012; 18:00 Uhr
mehrere Autoren, unter anderem „Dr. Noll" als Thread-Gründer, Umfrage zum Hände falten

[4]
http://www.lebenshilfe-abc.de/gewohnheiten.html
Stand: 03.01.2012; 18:00 Uhr
Autor unbekannt, Gewohnheiten

[5]
http://www.e-facharzt.de/gesundheit/feldenkrais-mehr-als-nur-bewegung-und-entspannung/161
Stand: 03.01.2012; 18:00 Uhr
Autor unbekannt, Verweis auf © gesundheit.de, Feldenkrais-Körperarbeit

[6]
http://www.focus.de/gesundheit/ratgeber/psychologie/gesundepsyche/tid-23166/ego-coach-schritt-2-veranschaulichen-sie-verhaltensaenderungen_aid_651441.html
Stand: 03.01.2012; 18:00 Uhr
Autor unbekannt, Ego-Coach Schritt 2: Veranschaulichen Sie Verhaltensänderungen

[7]
Quarks&Co: Das Rätsel von Links und Rechts, Sendung vom 20.05.2003
Quarks&Co, Monika Grebe, mitgestaltet unter anderem von Axel Bach, Ilka aus der Mark und Corinna Sachs, West-Deutscher-Rundfunk GmbH, Köln 2003

[8]
Hafner, Prof. Dr. Lutz und Hoff, Peter: Genetik – Materialien für den Sekundarbereich II Biologie
Schroedel Schulbuchverlag GmbH, Hannover 1995

[9]
Kronberg, Dr. Inge und Schneeweiß, Dr. Horst: Natura – Biologie für Gymnasien – Genetik und Immunbiologie
Ernst Klett Verlag GmbH, Stuttgart 2005

[10]
http://de.wikipedia.org/wiki/H%C3%A4ndigkeit
Stand: 09.01.2012; 20:30 Uhr
mehrere Autoren, unter anderem Björn Bornhöft als Gründungsautor, Händigkeit

[11]
Brunner, Prof. Dr. Henri : Rechts oder Links – in der Natur und Anderswo
WILEY-VCH Verlag GmbH, Weinheim 1999

[12]
http://www.akka.de/t_lehre/geh1.htm
Stand: 09.01.2012; 20:30 Uhr
Auszug aus Kutschera, G.: Tanz zwischen Bewusstsein uns Unbewusstsein - Zwei Gehirnhälften -
eine Metapher für Lehren und Lernen
Junfermann-Verlag 1994

[13]
http://de.wikipedia.org/wiki/Linksh%C3%A4nder#Umerziehung_und_Folgeprobleme
Stand: 13.01.2012 20:41 Uhr
mehrere Autoren, unter anderem „145.254.52.199" als Gründungsautor, Linkshänder

[14]
Lexikon-Institut Bertelsmann: Bertelsmann Lexikothek – Faszination Tierwelt
Wissen Media Verlag GmbH 2004

[15]
Karch, D., Vortrag: Wahrnehmung und Wahrnehmungsentwicklung bei dem Fortbildungsseminar:
„Wahrnehmungsentwicklung und Wahrnehmungsstörungen" anlässlich des 20-jährigen Bestehens
des Kinderzentrums Maulbronn im März 2000 und im März 2001

Anhang

Jugend Forscht 2012 (Umfrage)
Welcher Daumen liegt beim Händefalten oben?

Hallo, ich führe hiermit eine Umfrage für Jugend Forscht durch und möchte untersuchen, warum beim Händefalten bei einigen der rechte, bei anderen jedoch der linke Daumen oben liegt. Dazu dient dieser Fragebogen. Du könntest mich tatkräftig in dieser Untersuchung unterstützen, indem du diesen Fragebogen ausfüllst. Am besten fragst du mal in deiner Familie nach und gibst diesen Bogen so früh wie möglich wieder ab. Ich danke dir schon jetzt für deine Hilfe und bin mir sicher, dass ich durch deine Unterstützung zu einem guten Ergebnis kommen werde.

Vielen Dank, Gerrit Altmeppen (Jahrgangsstufe 11)

Person	Geschlecht		Rechts-händer	Links-händer	Umerzogen	Daumen oben beim Händefalten*		Konfession (freiwillig)
	m	w				rechter	linker	
Urgroß- ( )*								
Urgroß- ( )*								
Großvater (Vater)	✕							
Großvater (Mutter)	✕							
Großmutter (Vater)		✕						
Großmutter (Mutter)		✕						
Mutter		✕						
Vater	✕							
Du								
Geschwister								
Geschwister								
Geschwister								
Weitere Personen:								

- Sollten Deine Urgroßeltern noch leben, so kannst Du „-Vater" bzw. „-Mutter" ergänzen und in den Klammern schreiben ob sie mütterlich/väterlicher, mütterlich/mütterlicher, usw. -seits sind.

- Für die vorletzte Spalte muss die jeweilige Person die Hände wie beim Gebet falten und dann schauen, welcher Daumen oben liegt.

- Falte deine Hände mal so, dass der Daumen oben liegt, der sonst unten liegt, wie fühlt es sich an? (bitte Rückseite benutzen, Danke)

Anlage 2

Jugend Forscht 2012 (Umfrage)
Welcher Daumen liegt beim Händefalten oben?

Hallo, ich führe hiermit eine Umfrage für Jugend Forscht durch und möchte untersuchen, warum beim Händefalten bei einigen der rechte, bei anderen jedoch der linke Daumen oben liegt. Dazu dient dieser Fragebogen. Du könntest mich tatkräftig in dieser Untersuchung unterstützen, indem du diesen Fragebogen ausfüllst. Am besten fragst du mal in deiner Familie nach und gibst diesen Bogen so früh wie möglich wieder ab. Ich danke dir schon jetzt für deine Hilfe und bin mir sicher, dass ich durch deine Unterstützung zu einem guten Ergebnis kommen werde.
Vielen Dank, Gerrit Altmeppen (Jahrgangsstufe 11)

Person	Geschlecht		Rechts-händer	Links-händer	Umerzogen	Daumen oben beim Händefalten*		Konfession (freiwillig)
	m	w				rechter	linker	
Urgroß- *Mutter* (mütterlich mütterlich)*		X	X			X		r R
Urgroß- *Vater* (mütterlich mütterlich)*	X		X				X	r R
Großvater (Vater)	X		X			X		r K
Großvater (Mutter)	X		X			X		r R
Großmutter (Vater)		X	X			X		r K
Großmutter (Mutter)		X	X				X	r K
Mutter		X	X				X	r K
Vater	X		X				X	r K
Du	X		X		X			r R
Geschwister	X		X				X	r K
Geschwister								
Geschwister								
Weitere Personen:								

- Sollten Deine Urgroßeltern noch leben, so kannst Du „-Vater" bzw. „-Mutter" ergänzen und in den Klammern schreiben ob sie mütterlich/väterlicher, mütterlich/mütterlicher, usw. -seits sind.

- Für die letzte Spalte muss die jeweilige Person die Hände wie beim Gebet falten und dann schauen, welcher Daumen oben liegt.

- Falte deine Hände mal so, dass der Daumen oben liegt, der sonst unten liegt, wie fühlt es sich an? (bitte Rückseite benutzen, Danke)

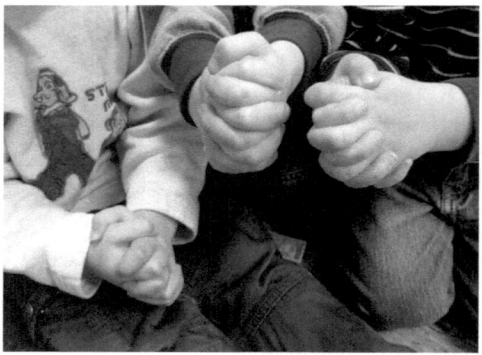

Mädchen, 4 Jahre, Rechtshänderin

3 Jungen im Alter von 4 und 5 Jahren, in der Mitte Linkshänder

Weibliche Person, die die Hände „einfach" zusammenfaltet, Rechtshänderin, der rechte Daumen liegt oben

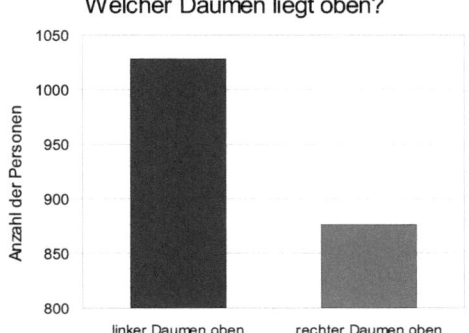

Gesamtzahl aller Personen, die entweder den linken oder den rechten Daumen nach oben legen

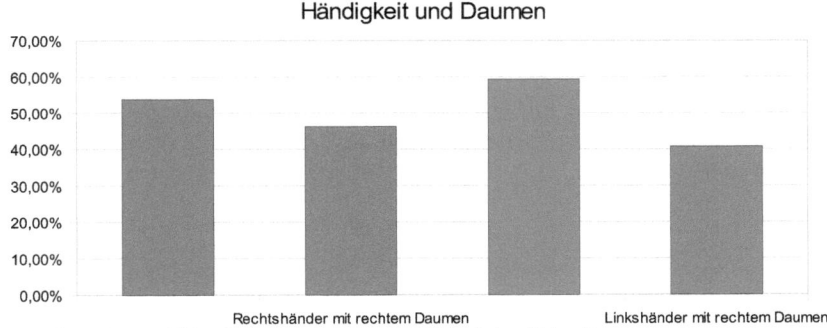

Möglicher Einfluss der Händigkeit auf die Faltposition

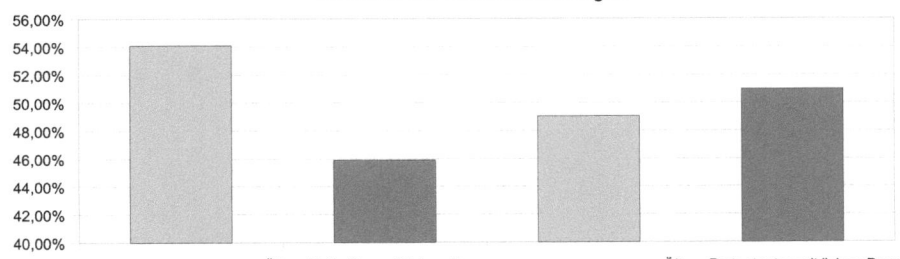

Möglicher Einfluss der Konfession auf die Faltposition

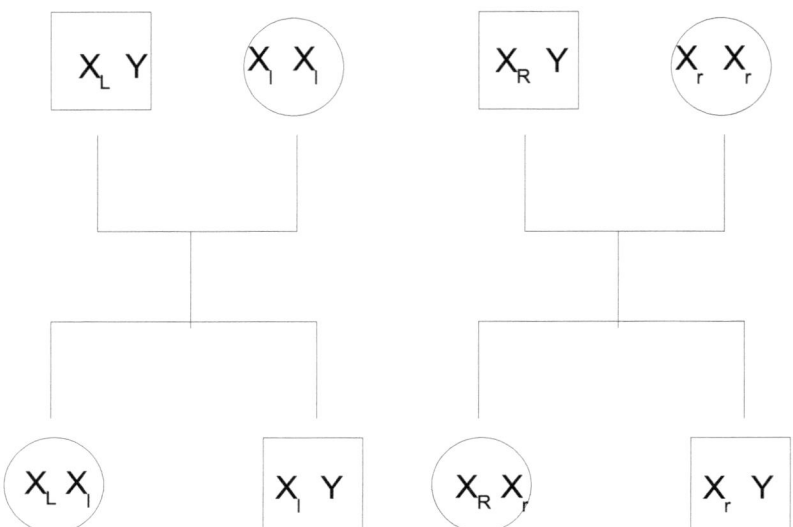

Typischer Stammbaum für eine gonosomal-dominante Vererbung beim Merkmal „linker Daumen oben"

Typischer Stammbaum für eine gonosomal-dominante Vererbung beim Merkmal „rechter Daumen oben"

Dabei sind die Allele folgendermaßen verteilt:

 : Weibliche Person

$\boxed{X \; Y}$: Männliche Person

X_L bzw. X_r ist das Allel für den linken Daumen oben

X_l bzw. X_R ist das Allel für den rechten Daumen oben

Anlage 6

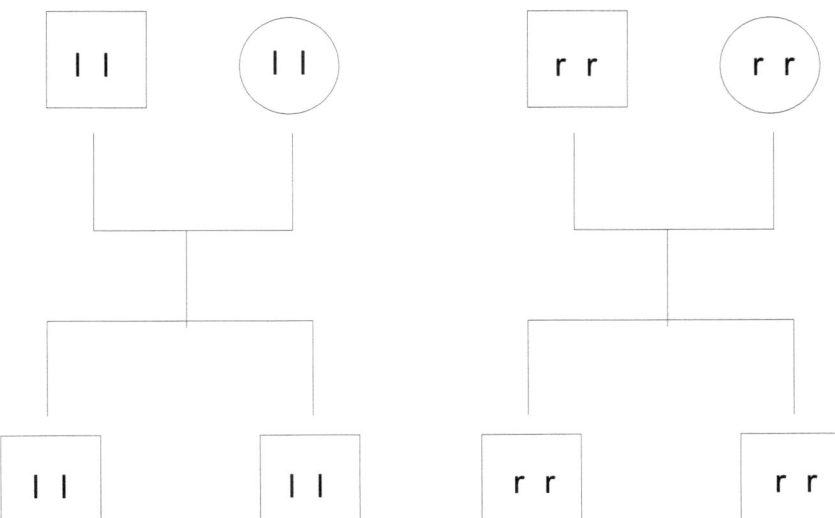

„Rechter Daumen oben" wird autosomal-
rezessiv vererbt

„Linker Daumen oben" wird autosomal-
rezessiv vererbt

l ist das Allel für den rechten Daumen oben

r ist das Allel für den linken Daumen oben

Anlage 7

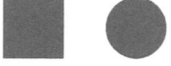

Rechter Daumen oben: Mann Frau Linker Daumen oben: Mann Frau

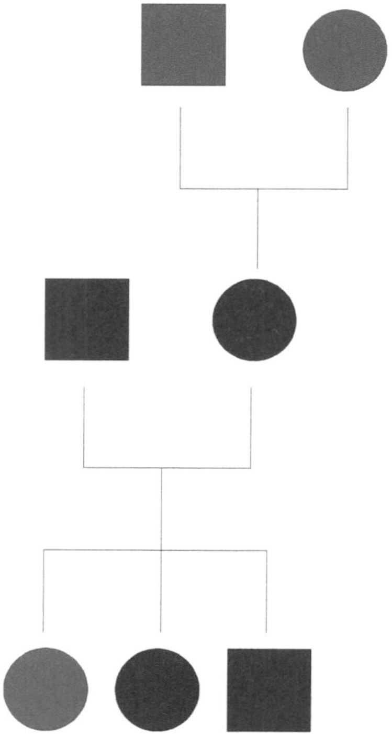

Stammbaum 1 mit Großeltern der Mutter, Eltern und Kinder (Zwei Töchter und ein Sohn)

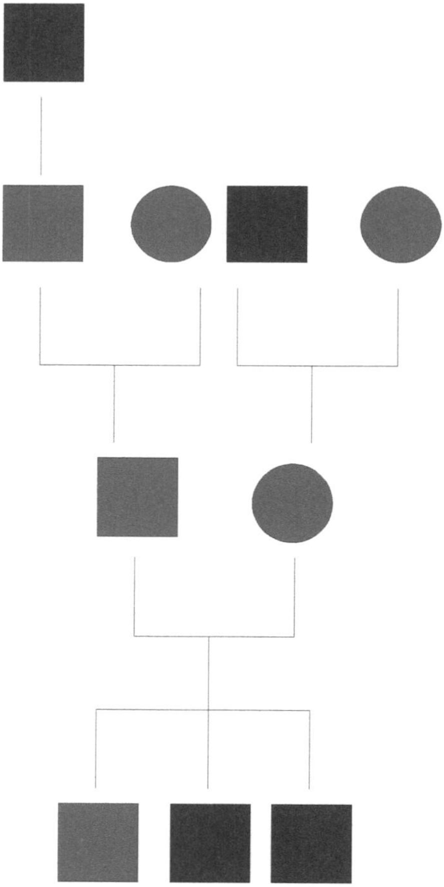

Stammbaum 2 mit Urgroßvater, väterlich/väterlicher-seits, beiden Großeltern-Paaren, Eltern und Kinder (drei Söhne)

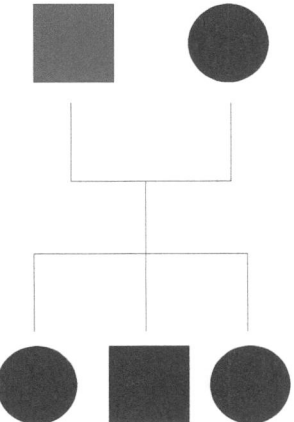

Stammbaum 3 mit Elternpaar und
Kindern (Zwei Töchter und ein Sohn)